MANEJO DE MALEZA EN MAGUEY ESPADÍN

Manejo de maleza en maguey espadín

Pedro Figueroa Castro

Copyright © 2023 Pedro Figueroa Castro

Manejo de maleza en maguey espadín

Todos los derechos reservados.

ISBN: 9798584797195

DEDICATORIAS

Se dedica la presente obra a:

A todos mis asesores de tesis de Licenciatura, Maestría, Doctorado, así como a mis Tutores en las Estancias Posdoctorales.

En especial al gran PhD. Immer Aguilar Mariscal (QEPD) que fue quien me enseñó muchas cosas de las que conozco y entre ellas el gusto por el estudio y manejo de malezas en agaves.

A todos los clientes de Agriminilla S.A.S. de C. V.

A todos que han sido mis alumnos y tesistas de Licenciatura y Posgrado.

A todos mis familiares y amigos.

A todos los agaveros.

CONTENIDO

Prologo	1
CAPÍTULO 1. PRINCIPALES MALEZAS	5
1.1 Malezas en Semillero	5
1.2 Malezas en Vivero	6
1.3 Malezas en Campo	7
CAPÍTULO 2. CONTROL MANUAL DE MALEZAS	16
CAPÍTULO 3. CONTROL MECÁNICO DE MALEZAS	19
CAPÍTULO 4. CONTROL QUÍMICO PREEMERGENTE	22
CAPÍTULO 5. CONTROL QUÍMICO POSTEMERGENTE	26
CAPÍTULO 6. CONTROL CON COBERTURAS	33
6.1 Uso de coberturas vegetales vivas	33
6.2 Cultivos asociados	33
6.3 Uso de coberturas vegetales secas	36
6.4 Coberturas plásticas	39
6.5 Otras coberturas	40
CAPÍTULO 7. CONTROL BIOLÓGICO	44
CAPÍTULO 8. MANEJO INTEGRADO	54

AGRADECIMIENTOS

Mi mayor agradecimiento a:

A todos los Profesores-Investigadores que han aportado en mi formación y en mi camino de la Fitosanidad de los agaves.

A todos los Tesistas de Licenciatura y Posgrado que me han dado la oportunidad de aportar un poco a su formación en Fitosanidad a nivel campo.

A todos los Colaboradores de Agriminilla S. A. S. de C. V. por todo su apoyo tanto en campo como en oficinas.

PROLOGO

Actualmente, los agricultores de diferentes regiones y en particular agricultores de regiones con alta marginación han encontrado una oportunidad de generar trabajo e ingresos mediante el cultivo de agaves de diversas especies (según la región), pero en muchas regiones de Oaxaca, Guerrero, Morelos y Puebla, entre otros estados, etc. se han enfocado a cultivar el maguey espadín ya sea tipo oaxaqueño, espadilla y otros criollos debido a que tienen gran demanda, buenos precios (esto es variable y relativo) y son sencillos de cultivar; algunos los cultivan para elaborar diversos subproductos, y otros agricultores que recién inician en el agave lo hacen principalmente para vender las "piñas" maduras, en cualquiera de las dos situaciones el agave ha estado siendo muy positivo en la creación de empleo en el sector rural y de manejarse de forma adecuada podrá contribuir a disminuir la emigración de los pueblos donde hay muy pocas oportunidades para la juventud y habitantes en general.

La maleza es el problema fitosanitario que genera un gran porcentaje de los costos de producci-ón, su importancia de las malezas es que incrementan los costos de producción debido a que se presentan en semillero, vivero y a nivel campo. En semillero y vivero es controlar las malezas es una labor muy frecuente debido a la humedad por los riegos. En campo las malezas generan costos al presentarse en todas las plantaciones, principalmente en lluvias, pero también las hay el resto del

Manejo de maleza en maguey espadín

año y se presentan durante todos los años del ciclo de cultivo y dificultan todas las labores de cultivo e incluso la cosecha; algunas malezas destacan por ser de porte alto y provocan sombra al agave, otras son trepadoras y se trepan en las pencas y enredan el cogollo de agaves dificultando la apertura de hojas; y otro grupo muy importante de malezas son las espinosas que dificultan el manejo del cultivo e incluso la cosecha. Otras como los pastos si emergen al termino de lluvias dejan mucha materia seca que en meses de sequia son un factor de riesgo en caso de incendios. Debido a lo antes mencionado todos los años se debe invertir una cantidad importante de dinero, personal, insumos y herramientas en las plantaciones para el manejo de maleza.

Algo importante de aclarar y que en otros documentos se nos ha pasado mencionar es que las malezas implican costos todo el año, pues normalmente decimos que dan problemas al llegar las lluvias y que emergen muchas malezas, pero estas solo son las malezas anuales y generalmente herbáceas, sin embargo existe un grupo más desatendido que son algunas malezas espinosas y trepadoras que son perennes, es decir hay que estar haciendo actividades de manejo aún en época de sequía, por ejemplo corte de forma mecánica en la mayor parte del año sin importar que no haya lluvias y el caso más conocido seguramente es el huizache que es mejor estarlo controlando desde pequeño porque si lo dejamos crecer se complica controlarlo y estorban sus espinas.

Manejo de maleza en maguey espadín

Existen diversas estrategias para el manejo de malezas en maguey espadín, la combinación de estrategias para manejar la maleza en una determinada plantación va a depender de muchos factores tales como topografía del suelo, especies de malezas, edad del agave, altura de las malezas, época del año, personal disponible, distancia y accesibilidad al predio e incluso el tamaño de la parcela y claro la economía del productor o empresa, pues no es lo mismo un agavero grande o empresa con un gran hectareaje con terrenos tractorables y que dispone de maquinaria agrícola que al comparar con alguno de nosotros que cultivamos agaves en laderas, en pequeñas superficies, con pedregosidad y que no son tractorables y generalmente tampoco contamos con maquinaria agrícola ni muchos recursos ecnómicos para adquirir insumos de altos precios en el mercado.

Lo aconsejable es enfocarse en implementar un manejo integrado de las malezas al combinar todas las estrategias de manejo posibles, pero siempre involucrando la situación actual del agavero, para buscar que el manejo sea de forma rentable, armónica y que afecte lo menos posible la salud humana y al ambiente.

En la presente publicación se describen varias alternativas que se espera sean de ayuda para que el magueyero o agavero pueda diseñar un plan de manejo integrado de la maleza en el cultivo de maguey espadín, gran parte de la información aquí plasmada es de experiencias acumuladas sobre el manejo de la maleza en Agriminilla S. A. S. de C. V.

Manejo de maleza en maguey espadín

Esta guía más que intentar ser una receta a seguir, trata de dar una idea general de la maleza y de enlistar las opciones de estrategias para que el productor con apoyo de su técnico de campo o compañeros de trabajo puedan usar para elaborar su propio plan de manejo integrado de maleza de acuerdo a sus propias condiciones.

En el manejo de la maleza se debe evitar generalizar tal como una receta para todas las plantaciones y tampoco todos los años, aunque sean del mismo productor; pues las condiciones son cambiantes de un terreno a otro y así mismo de un año a otro.

Un manejo integral de maleza incluye dejar un poco de cobertura viva de plantas que no afecten al agave y puedan servir para contrarrestar la erosión y el ataque de plagas rizófagas como varias especies de gallina ciega y así mismo plagas del follaje como chapulines y algunas chicharritas; entre estas plantas que no afectan al agave se encuentran muchas de la familia fabaceae que incluso van a ser benéficas debido a que fijan nitrógeno atmosférico.

Por ello un buen manejo de maleza consiste en tener un poco de cobertura viva sin afectar al cultivo y que el manejo sea rentable, sencillo y amigable al ambiente y salud humana.

CAPÍTULO 1. PRINCIPALES MALEZAS

En esta guía se incluyen datos del área de investigación y cultivo de Agriminilla en la parte norte del Estado de Guerrero y solo se ponen como ejemplo para poder entender mejor el contexto; por lo cual es altamente recomendable que el productor, la sociedad de productores y las empresas tengan técnicos con amplia experiencia en manejo integral de malezas para que ellos sean quienes determinen las especies de las malezas en sus sitios de cultivo y en base a ello diseñar la mejor forma de manejarlas.

Si bien es cierto que las especies varían de una región a otra también es cierto que algunas malezas como el huizache van a ser problema en casi todas las zonas agaveras. Otra cosa es que las malezas en semilleros, en viveros y en campo son distintas; a continuación; se presenta un ejemplo de malezas en la localidad de Quetzalapa, municipio de Huitzuco de los Figueroa, Guerrero; se puede apreciar como varían las especies observadas en semilleros, vivero y plantaciones y al variar las especies y el lugar donde están hace necesario un manejo ligeramente distinto en muchos casos.

1.1 Malezas en Semillero

En los semilleros las principales malezas van a ser de porte rastrero y algunas pocas de porte alto y muy rara vez algunas espinosas o urticantes, asi por ejemplo, en lo que hemos visto en semilleros en Guerrero durante el 2018, 2019, 2020, 2021, 2022 y 2023 lo más común es estas malezas entre los semilleros: golondrina (*Euphorbia hirta* L.), verdolaga (*Portulaca oleracea* L.), verdolaga de puerco (*Kalstroemia rosei* Rydb), quintonil (*Amaranthus* spp.), ojo de perico (*Sanvitalia procumbens* Lam.), rosa amarilla (*Melampodium* spp.), huizache (*Acacia farnesiana* L.), aceitilla (*Bidens odorata* Cav.), zacate plumilla (*Leptochloa filiformis*), campanita (*Ipomoea* spp.) y zacate huizapol (*Cenchrus echinatus* L.).

Semillero de agave, plántulas de maguey espadín entre fuerte infestación de "maleza" verdolaga.

1.2 Malezas en Vivero

En vivero pueda ser cuando los agaves estan establecidos en camas (mayor cantidad de malezas) o cuando se tienen los agaves en bolsas de plástico (es menos grave el asunto de malezas), asi durante 2018, 2019, 2020, 2021, 2022 y 2023 se han observado principalmente las malezas: golondrina (*Euphorbia hirta* L.), verdolaga (*Portulaca oleracea* L.), verdolaga de puerco (*Kalstroemia rosei* Rydb.), quintonil (*Amaranthus* spp.), rosa amarilla (*Melampodium perfoliatum* Cav.), zacate plumilla (*Leptochloa filiformis*), zacate huizapol (*Cenchrus echinatus* L.), coquillo (*Cyperus* spp.), aceitilla (*Bidens odorata* Cav. y *B. pilosa* L.), acahual (*Simsia amplexicaulis* Cav. y *Tihonia tubiformis* Jacq.), huizache (*Acacia farnesiana*), mimosilla (*Aeschynomene americana* L.), chipil (*Crotalaria* sp.), ayohuiztle (*Solanum rostratum* Dunal.) y campanitas (*Ipomoea* spp.).

1.3 Malezas en Campo

En campo las malezas van a variar bastante de una parela a otra e incluso en la misma parcela no todos los años van a ser las mismas malezas, pero para tener idea vamos a comentar algunas que durante el periodo del 2006 al 2023 hemos observado con mayor frecuencia en la Región Norte de Guerrero y Sur de Morelos, y lo poco que hemos salido a otros estados, es común encontrar en plantaciones de agaves malezas rastreras, espinosas y urticantes, trepadoras y las de porte alto. En las plantaciones en lo que respecta a malezas espinosas y trepadoras hay malezas que son anuales, pero también algunas que son perennes y dan problemas en cualquier fecha del año.

Dentro de las malezas espinosas está el huizache (*Acacia farnesiana* L.); cubata (*Acacia pennatula*); garabatillo (*Acacia* sp.), tehuixtle (*Acacia bilimekii* J. F. Macbr.); zacate huizapol (*Cenchrus echinatus* L.); ayohuiztle (*Solanum rostratum* Dunal.) y aceitilla (*Bidens* spp.). otro problema con las espinosas es que varias como el huizache, cubata, garabatillo, tehuixtle, entre otras son perenes y por ello van a dar problemas en cualquier fecha del año, aunque no sea temporada de lluvias.

Entre las malezas trepadoras están un complejo de varias campanitas de la familia Convolvulaceae, en especial diversas especies del género *Impomoea*. Y otras especies menos comunes pertenecientes a la familia Asclepiadaceae. Tanto las convolvuláceas como las asclepiadáceas su problema radica en que suben al agave y enredan su cogollo con mucha fuerza dificultando que las hojas del cogollo del agave se vayan abriendo de forma normal e incluso después de que se han secado estas trepadoras queda el cogollo presionado y es necesario cortarlas con alguna herramienta por ejemplo machete, para que continue normal el crecimiento del cogollo. Otro detalle es que en las malezas trepadoras se tienen algunas que son perenes y entonces son problema en cualquier fecha del año.

Las malezas de porte alto son un problema porque si no se manejan a tiempo pueden crecer demasiado y darle sombra al cultivo de agave, afectándole su fotosíntesis, compitiendo por espacio y nutrimentos y favoreciendo niveles elevados de humedad que pueden favorecer pudriciones por enfermedades que se benefician con altos niveles de humedad y otro factor de riesgo es que al secarse la gran cantidad de materia seca que queda expuesta en caso de algún incendio puede afectar mucho al agave; entre estas malezas están: el acahual (*Simsia amplexicaulis* Cav. y *Tihonia tubiformis* Jacq.), rosa amarilla (*Melampodium spp.*) quintonil (*Amaranthus spp.*), zacate johnson (*Sorghum halepense* (L.) Pers.), zacate plumilla (*Leptochloa filiformis*), escoba morada (*Marina sp.*) y recientemente en el año 2020, 2021 y 2023 cuando están por terminar las lluvias en muchas plantaciones de espadín en la región norte de Guerrero, se ha vuelto un problema importante el zacate rosado (*Rhynchelytrum repens* Willd.); parte del interés de remarcar aquí al zacate rosado es que incluso en los meses de noviembre, diciembre, enero, febrero y marzo hemos tenido que realizar medidas de manejo debido a que este zacate es perenne y aún sin lluvias crece y por ello es notable su prescencia, pues la mayoría de malezas en dicha época ya están secas y este zacate continua creciendo conviertinedose en una maleza dominante en periodo de sequia. Otra maleza que no es muy alta pero la incluimos aquí por su importancia que esta tomando con el paso de los años es la maleza amargosa (*Parthenium hysterophorus* L.) aunque al momento de esta publicación los problemas con esta maleza parecen más comunes en parcelas que se encuentran muy cercanas a plantaciones de caña de azúcar y en especial cerca de canales de riego, y en Guerrero en suelos con mayores niveles de humedad y con suelo algo limoso principalmente es notorio que esta maleza es más abundante donde se tienen buenos niveles de humedad y si por alguna razón damos riegos de auxilio a nuestros agaves es muy probable que entre las malezas que emerjan se encuentre la amargosa. Por último y aunque ya se enlistó queremos hacer énfasis en la importancia de otro zacate perenne que es el famoso zacate johnson (*Sorghum halepense* (L.) Pers.) el cual debido a que forma rizomas suele ser más complejo su manejo y si hacemos control mecánico este pasto retoña super rápido y en poco tiempo vuelve a cubrir el agave y es muy importante eliminarlo cuando inicia en la parcela porque se disemina muy rápido por semillas.

Existen otras plantas no cultivadas que emergen en las plantaciones, pero creemos que no deben ser consideradas como malezas debido a que parecen mayores los beneficios que los daños, entre este grupo están: el frijolillo (*Rhynchosia* spp.), dormilon (*Mimosa pudica* L.) varias especies de chipil (*Crotalaria* spp.), este grupo de plantas pertenecen a la familia Fabaceae y fijan nitrógeno al suelo, ademas al ser de porte bajo y con buena cobertura ayudan a reducir la emergencia de malezas. Incluso más adelante se tiene un apartado del uso de coberturas como una estrategia dentro del manejo integral de maleza en maguey espadín.

Manejo de maleza en maguey espadín

Maguey espadín con problemas de malezas trepadoras (campanitas).

Las malezas trepadoras aún después de secarse, cuando no se cortan, pueden seguir dando problema al mantener prensadas las hojas del cogollo creando ahí un ambiente y refugio favorable para diversas plagas.

Plantación de maguey espadín muy infestada con la maleza acahual que es una maleza de porte alto y debe controlarse rápido porque en pocos días cubre los agaves y se complica su manejo.

Manejo de maleza en maguey espadín

Cultivo de maguey espadín con problemas de maleza espinosa ayohuixtle.

Otra forma de agrupar las malezas que se presentan en plantaciones de agaves es por su duración del ciclo y se tienen dos grupos que son las malezas anuales y malezas perennes.

Las malezas anuales son las que se presentan cada año al inicio de lluvias o también cuando se proporciona riego, las malezas anuales emiten flores, frutos y semillas y al madurar las semillas mueren las malezas y pasado un periodo de tiempo dependiendo de la maleza y la humedad emergen más semillas que se encuentran en el banco de semillas y se repite el ciclo antes mencionado. En cambio, las malezas perennes es importante incluirlas debido a que, son menos comunes y abundantes, pero en algunos terrenos donde se presentan son un problema complejo para manejar debido a que a pesar de que emitan flores, frutos y semillas estas al madurar sus semillas no mueren e incluso algunas tienen más de un periodo de producción de semillas al año. Otro problema con las perennes es que en general son malezas con consistencia semileñosa y con mayores niveles de ceras y en ocasiones también se pueden enredar o trepar sobre los agaves y todo esto complica su manejo, ademas al hacer control mecánico muchas de ellas al cortarlas vuelven a retoñar y se vuelve a dar el crecimiento de la maleza y de forma muy rápida; y en cuanto al manejo mediante herbicidas no es aconsejable porque pocos ingredientes activos podrían controlarlas debido a que muchas son semileñosas o tienen muchas ceras en follaje o bien su sistema radicular es muy grande y poderoso o pueden tener estructuras muy peculiares por ejemplo los rizomas en el caso del zacate jhonson (*Sorghum halepense* L.) y es un riesgo usar herbicidas sobre el agave porque se carece de estudios bien detallados del manejo de estas malezas perenes y se tiene riesgo por tratar de controlarlas llegar a causar fitotoxicidad al cultivo de agave.

CAPÍTULO 2. CONTROL MANUAL DE MALEZAS

El control de malezas en semilleros no tiene muchas opciones, la principal estrategia es arrancarlas de forma manual con mucho cuidado sin arrancar o aflojar mucho las raíces de las plantas de los agaves y si las malezas están ya grandes cortarlas a ras de suelo con una navaja o pequeño machete. En lo posible evitar el uso de herbicidas debido a que las plantas son muy pequeñas. En caso que al momento de leer este libro existan en el mercado productos herbicidas que garanticen que no afectarán al agave pueden analizar esa opción.

El control de malezas en vivero, normalmente debido a que generalmente son plantas pequeñas y tienen menos ceras en sus hojas y es mayor el riesgo de afectarlas con algún herbicida, el control de maleza se debe hacer principalmente de forma manual, arrancando las malezas, cuando estas sean muy grandes se pueden cortar con ayuda de una navaja o azadón para evitar aflojar las raíces de los agaves. En vivero, en plantas de más de 10 cm anteriormente se hablaba de usar herbicida glifosato como alternativa para manejo de malezas sin afectar visiblemente al agave, pero a la fecha de publicación de esta breve guía (noviembre de 2023) en México no se recomienda el uso de glifosato. El uso de este herbicida ya no es viable, de hecho, el gobierno gestionó una reducción del uso de este activo en la agricultura rumbo a su eliminación total a más tardar el 31 de enero del año 2024, debido a un Decreto Presidencial publicado en el Diario

Oficial de la Federación el 31 de diciembre del 2020 ya se tiene en proceso la sustitución gradual del glifosato rumbo a una susticuión total de su uso en México al 31 de enero de 2024. Debido a todo lo antes mencionado no se debe usar glifosato en ninguna parte del proceso de producción de agaves en congruencia y respeto al decreto presidencial. Si a futuro surge algún nuevo herbicida que lo sugieran para agave en vivero ya sería responsabilidad de quien lo recomiende y quien lo use, pero igual se sugiere primero ver su efectividad en un pequeño espacio antes de usarlo en grandes áreas como una medida precautoria.

Al momento (noviembre de 2023) para vivero no podemos recomendar ningún herbicida; puedan existir opciones, pero será responsabilidad de quien lo recomiende y quien lo use debido a que al momento no se conocen suficientes estudios para estar seguros de que algún producto no cause fitotoxicidad a plantas pequeñas de agave en vivero. Toda aplicación de agroquímicos se debe seguir al pie de la letra las instrucciones de la etiqueta y percatarse que en el país no esta prohibido ese herbicida.

En campo, en plantaciones de diversas edades se puede llegar a recomendar el uso de control manual de malezas pero mediante el uso de azadón, coas o machetes; se recomienda mucho esta forma de manejo de maleza en plantaciones de 2 a 6 años de edad, pero al iniciar el periodo de lluvias dejar crecer las malezas un poco, por ejemplo unos 30cm de altura y cortar la maleza para que el follaje quede como materia orgánica y cubierta vegetal al suelo y con esto reducir la emergencia de nuevas malezas, esta estrategia no es recomendable cuando esta por terminar el temporal de lluvias porque si llega a quedar mucha materia seca que no alcance a descomponerse se corre más riesgo en caso de algún incendio en el cultivo de agave. El control manual tiene la ventaja de que si en la plantación no se ha hecho buen manejo de malezas y se tiene el riesgo de que algunas malezas pierdan susceptibilidad o desarrollen resistencia a algún ingrediente activo debido al mal uso, al hacer el control manual de maleza se reduce este riesgo y de ser necesario se podrá seguir usando el activo de forma racional.

Control manual de malezas en maguey espadín, cuando son dominantes los pastos y cuando ya están más altos que los agaves cortarlos en forma manual es lo mejor, y al rebrote ejercer otra medida de manejo.

CAPÍTULO 3. CONTROL MECÁNICO DE MALEZAS

Cuando se va a plantar agave en terrenos tractorables es importante considerar como algo muy importante el control mecánico para malezas, y para poder aprovechar bien el manejo mecánico de malezas se debe considerar desde el momento de establecer la plantación ya que se puede acortar la distancia entre matas y aumentar la distancia entre surcos con la finalidad de facilitar el paso del tractor entre los surcos cuando se requiera pasar algún implemento para control de malezas. La distancia entre surcos debe ser de aproximadamente 3 metros, claro tiene mucho que ver las dimensiones del tractor o equipo que se pretenda usar para controlar las malezas entre los surcos, se pueden usar tractores pequeños o tractores normales y dependiendo sus dimensiones va ser el espaciamiento entre surcos.

El equipo e implementos a usar para controlar mecánicamente las malezas va depender mucho de la economía del productor, de la topografía del terreno y de la compactación del suelo, de la humedad del suelo, del tamaño de la maleza y claro también del espaciamiento dejado entre surcos.

En lugares planos y con poca pedregosidad y si se quiere aprovechar para mover el suelo además de controlar maleza se puede usar un tractor con la rastra o el arado de discos o incluso el arado de vertedera.

Antes de establecer la plantación y si el tipo de suelo lo permite se sugiere hacer un paso con subsoleador para reducir la compactación del suelo.

Cuando el terreno no es completamente plano y no se planea aflojar el suelo se sugiere usar una desvaradora montada al tractor.

En plantaciones donde no se dejó una distancia adecuada y no cabe un tractor normal se puede meter un minitractor huertero con alguna desvaradora o cultivadora compatible con la potencia del tractor.

Otra opción es el uso de desbrozadoras y desmalezadoras de gasolina operadas por personas; no olvidar que estas máquinas como la mayoría requieren utilizarse con más cuidado en campo y a veces es necesario hacerles algunos ajustes o modificaciones; pero se recomiendan para bajar el porte de la maleza en los viveros y en campo, pero en plantaciones no muy grandes debido a que implica mucho esfuerzo humano por el peso que tienen.

Otra opción que generalmente olvidamos y es muy viable en plantaciones donde no cabe el tractor o que tienen pendiente o difícil acceso para el tractor es control de malezas mediante implementos de tracción animal y están como opciones el arado y las cultivadoras no pesadas que además de controlar la maleza aflojan el suelo.

Plantación de agave recién establecida donde se controló malezas mecánicamente desde el momento del trasplante y se observa espaciamiento amplio entre surcos con la finalidad de continuar el manejo de malezas mediante implementos acoplados al tractor.

CAPÍTULO 4. CONTROL QUÍMICO PREEMERGENTE

El control químico preemergente de malezas es muy bueno debido a que controla las malezas en preemergencia y así evita que las malezas compitan con el agave por espacio, luz, humedad y nutrimentos. Así el control preemergente le da ventaja para crecer al cultivo del agave, este tipo de control es ampliamente recomendable en plantaciones de cero, uno, dos y tres años de edad.

El control químico preemergente tiene algunas desventajas entre ellas que los herbicidas preemergentes conocidos también como selladores normalmente son más caros que otros herbicidas. Otra desventaja es que si se aplican en forma total a la plantación se pueden generar problemas como erosión del suelo por falta de cubierta vegetal y quizá otro problema más importante es que si se deja el suelo bien sellado libre de maleza se pueden presentar problemas de plagas rizofagas como gallina ciega de la cual algunas especies se alimentan de las raíces de las malezas, pero si se hace una aplicación total de herbicidas preemergentes el suelo queda sin malezas y esto obliga a las larvas de gallina ciega a comer raíces de las plantas de agave. También existen insectos como los chapulines que se alimentan de follaje de diversas arvenses que se ha notado en Guerrero que cuando la plantacion de agave esta excesivamente limpia sin arvenses los chapulines suelen comenzar a alimentarse de los bordes de las hojas de los agaves. Por todo lo antes mencionado el control preemergente se debe hacer de forma muy cuidadosa, por ejemplo, aplicar en bandas, asperjando sobre la línea de cultivo y dejando una franja angosta de maleza entre surcos para evitar erosión y que haya raíces de arvenses para la gallina ciega y follaje para los chapulines.

Otro detalle a considerar es el tamaño de la maleza porque algunos productos se pueden aplicar, aunque ya haya emergido la maleza (preemergencia temprana) pero se debe leer cuidadosamente la etiqueta de los productos que es donde señalan el tamaño máximo de la maleza para que funcionen (generalmente unos 10-15 cm de altura). También es importante recordar que para una mejor efectividad biológica de este tipo de herbicidas es muy importante que exista un buen nivel de humedad en el suelo.

No olvidar que para la aplicación de estos herbicidas al igual que cualquier otro agroquímico de deben seguir las recomendaciones de precaución durante la aplicación para que sea de forma segura al personal aplicador y al cultivo.

Algunos de los productos que pueden funcionar para el control preemergente de malezas en el cultivo de maguey espadín son los que contienen algunos de los siguientes ingredientes activos: acetoclor, metolaclor, diuron, bromacil, atrazina, imazapic. Para saber que producto usar acudir a las tiendas regionales más cercanas o bien revisar listas y catálogos de tiendas online y leer bien las etiquetas y en lo posible elegir los productos que en su etiqueta estén recomendados para cultivo de agave; algunos productos comerciales que se han usado y han mostrado buenos resultados en maguey espadín tipo oaxaqueño y espadines criollos son los siguientes: Krovar 1 DF® y Alligare® (bromacil+diuron); Primagram® Gold (atrazina+metolaclor); Plateau® (imazapic); Harness® (acetoclor); Harness Xtra (acetoclor+atrazina); Gesaprim® autosuspensible (atrazina); Karmex XP (diuron): Algunos agaveros usan Offender TD (tebuthiuron+diuron), Combine 500SC® (tebuthiuron); Orion, Amicarbazone 70 WDG y Pegazo (amicarbazone). Esta lista de herbicidas se han usado en algunas plantaciones y solo son un ejemplo; su efecto puede variar dependiendo de la maleza; del tipo de suelo; de la especie de agave, dosis; equipo de aplicación y otros factores por lo cual el uso de herbicidas se recomienda que sea bajo receta de un profesional en fitosanidad con cedula profesional y especialmente con experiencia en el cultivo, ya que un pequeño error al confundir un nombre con otro o usar dosis muy altas pueden generar problemas de fitotoxicidad que causan retraso en el crecimiento del cultivo o incluso la muerte de agaves dado que hay especies muy susceptibles como el maguey papalote (*Agave cupreata* Trel.&Berger). Muy importante aclarar que esta lista no es permanente ni única; por ello sugerimos para el caso de herbicidas siempre mantenerse actualizados debido a que con el paso del tiempo surgen dos cosas; una pueda ser que los productos o marcas las dejen de fabricar o bien se prohíba el uso del algún ingrediente y lo otro que puede ocurrir es que las empresas fabricantes tienen áreas de investigación y pueden ir ya sea encontrando posibilidad de uso para este cultivo de algunos otros herbicidas ya existentes o en algunas ocasiones que surja algún nuevo ingrediente activo que también pueda ser usado en agave.

Si por alguna razón tanto el productor como su asesor fitosanitario y su proveedor tienen duda en el uso de algún producto es preferible que lo prueben en un surco o franja pequeña durante un ciclo y si obtienen buenos resultados ya queda en su lista para ser usado al siguiente año.

Cultivo de agave espadín en hiperdensidad y con control químico preemergente de maleza. En este caso debido a la hiperdensidad y topografía del suelo no hay problemas de erosion del suelo al usar preemergentes.

CAPÍTULO 5. CONTROL QUÍMICO POSTEMERGENTE

El control químico postemergente es mediante herbicidas postemergentes, es decir productos que secan las malezas después de que ya emergieron. Dentro de los herbicidas postemergentes existen tres grupos: los de amplio espectro (controlan malezas de hoja ancha y hoja angosta), los que solo controlan malezas de hoja ancha y los que solo controlan malezas de hoja angosta. Así dependiendo del tipo de maleza predominante en la parcela se puede optar por usar de uno u otro grupo de herbicidas. Evitar el uso de paraquat debido a esta en la lista de productos de uso restringido y en especial porque es un destructor de membranas y actúa sobre todo tejido verde y en agave espadín se ha probado y se han observado importantes daños de fitotoxicidad cuando al asperjar le cae al tejido del agave y en maguey papalote (de cero a 2 años) pueden secar las plantas debido a que son mas susceptibles.

En el caso de herbicidas de amplio espectro existe una gran cantidad de marcas que contienen glifosato por ejemplo Faena® Fuerte, Faena® clásico, La Fam®, Takle® y Velfosato®, pero se debe tener mucho cuidado con productos que contienen este ingrediente activo, de hecho nuestra sugerencia es en lo posible ya dejar de usar estos productos aún cuando aún no se llegue la fecha tope para dejar de usarlos y en caso de tener interés en usar estos productos revisar bien la fecha en que están al momento de intentar el uso, debido a que en México existe un Decreto

Manejo de maleza en maguey espadín

Presidencial publicado en el Diario Oficial de la Federación del 31 de diciembre de 2020 donde se estipula la sustitución gradual de productos con este ingrediente activo para el 31 de enero de 2024 llegar a la sustitución total de productos con glifosato. Debido a toda esta complejidad es aconsejable desde este momento ya tratar dejar de usar glifosato en nuestras plantaciones pues ya es poco tiempo y ademas su precio que era algo que lo hacia muy interesante ahora esta presentando importantes incrementos.

Despues del gran vacio que deja el glifosato posiblemente la opción más viable, sencilla y relativamente accesible de usar serán los herbicidas formulados con glufosinato de amonio tales como Finale® Ultra, Invictus® y Agrofusinato®, entre otros. Aunque normalmente estos productos no causan fitotoxicidad visible al cultivo de agave se recomienda aplicarlos en forma dirigida a la maleza y evitar en lo posible mojar las hojas de agave y para esto es recomendado usarlos cuando la maleza no este muy grande, preferente cuando la maleza es más pequeña que las plantas de agave y siempre hacer un uso racional, es decir usar dosis adecuadas y no hacer demasiadas aspersiones consecutivas del mismo ingrediente activo.

Control químico postemergente de malezas en bandas, en maguey espadín. Se deja un poco de maleza, para que se alimenten los chapulines del follaje y la gallina ciega de raíces de la maleza.

Control químico postemergente de malezas con glufosinato de amonio, se observa buen control de maleza y el cultivo de maguey espadín sin fitotoxicidad visible.

Manejo de maleza en maguey espadín

En cuanto a los herbicidas que controlan solo malezas de hoja angosta, se recomienda usarlos solo en forma dirigida y lo menos posible, solo cuando sea la última opción; por ejemplo, aplicar a manchones de zacate huizapol (*Cenchrus echinatus* L.), de Johnson (*Sorghum halepense* (L.) Pers.) o de zacate rosado (*Rhynchelytrum repens* Willd.); entre estos productos se tienen los herbicidas tales como Sanson®, Loop® (nicosulfuron) y Select® Ultra y Arrow 120 EC (cletodim).

Dentro de los herbicidas para malezas de hoja ancha se encuentra la familia de los herbicidas hormonales, con el problema de que son muy volátiles, estos herbicidas en lo posible deben de evitarse, sin embargo, solo en ocasiones cuando esta sea la única opción se podrían usar, pero con demasiado cuidado y el menor número de ocasiones posible. En maguey espadín (en plantaciones mayores a 2 años de establecidas) se han probado en forma dirigida a la maleza y evitando mojar las plantas de agaves: Hierbamina® (2,4-D), para malezas de hoja ancha no muy leñosas; para el manejo de huizache, cubata, tehuixtle y algunas otras leñosas se podría usar en forma dirigida Bragon® 101 (picloram +2,4-D), Tordon® 472 (picloram+2,4-D), Crosser® (picloram+2,4-D), Tordon® XT (2,4-D+aminopyralid); cabe aclarar que cuando sea posible lo mejor es primero podar las malezas leñosas y aplicar el producto solo al tocón y cuando se tengan problemas principalmente por enredaderas de la familia Convolvulaceae se puede usar en forma dirigida el herbicida Tronador™ D (aminopyralid+2,4-D). Como se mencionó anteriormente dejar estos productos solo como última opción y acorde a las recomendaciones de la etiqueta y si nunca se han usado en ese cultivo o en esa zona lo mejor es probar por un ciclo en una pequeña superficie para determinar si usarlos o no. Estos productos son de alto riesgo para maguey papalote el cual hemos notado es demasiado susceptible a estas moléculas. Asi mismo es muy importante al momento de querer usar cualquiera de los anteriores ingredientes activos confirmar que no esten prohibidos en el país donde se pretendan utilizar para esa fecha, esto va ser una recomendación permanente debido a que cambia mucho la normatividad. Una vez más vamos a reiterar siempre en lo posible evitar usarlos y en plantas menores a dos años.

Por último, comentar que a veces la fitotoxicidad por hormonales en maguey espadín no parece muy notable, pero de las cosas que se pueden notar es que las hojas pierdan consistencia tendiendo a colgarse o doblarse y el cogollo del agave suele mostrar una torcedura por ello la sugerencia de primero probar en un espacio pequeño y si se notan estas características u otras no usar el producto para no afectar al cultivo, con estos síntomas si bien generalmente no mueren las plantas su crecimiento se ve afectado.

Debido a la sustición del glifosato se recomienda ampliamente estar revisando muy frecuente en COFEPRIS si se registran ya sea nuevas moléculas o bien si autorizan otras de las que existen, asi como revisar constantemente en los sitios web de las empresas productoras de herbicidas ya que es muy probable que esten probando nuevos productos para lanzar al mercado para el cultivo de agaves ante la falta del glifosato. Es decir, mantenerse actualizados de si surgen nuevos productos o si se deben dejar de usar algunos.

Control químico postemergente de maleza huizache en maguey espadilla criollo intercalado con espadín oaxaqueño, se podaron los huizaches y se aplicó herbicida al tocón del huizache, no se observó fitotoxicidad, pero cabe aclarar que es una pantación de 4 años de edad y no se asperjó (solo se aplicó al tocón) es decir no hubo contacto como tal del producto con el agave.

A los ocho o más días después de la aplicación de herbicidas postemergentes es importante realizar un recorrido en la plantación para revisar que no hayan quedado lo que se les llama escapes de malezas que son errores de la aplicación y en caso de haber quedado escapes dar una aplicación dirigida solo a los escapes.

CAPÍTULO 6. CONTROL CON COBERTURAS

6.1 Uso de coberturas vegetales vivas

Esta alternativa de control de malezas parece muy prometedora pero casi no se ha estudiado, y mucho menos se ha desarrollado investigación en maguey espadín. Esta estrategia se deben enfocar en conservar e incluso incrementar "malezas" o arvenses de la familia Fabaceae ya que cubren el suelo y disminuyen la emergencia de otras malezas y además fijan nitrógeno. En Agriminilla se ha iniciado a estudiar la pertinencia de conservar plantas silvestres y endémicas de los predios, entre estas están el frijolillo (*Rhynchosia* spp.), dormilon (*Mimosa* sp.) y el chipil (*Crotalaria* spp.) entre otras.

6.2 Cultivos asociados

Otra estrategia que se puede implementar es cultivos asociados, por ejemplo, en los primeros dos o hasta tres años de las plantaciones de agave sembrar entre los surcos (pasillos) del agave, frijol de mata, por ejemplo el amarillo conocido también como peruano o frijol negro de mata, esto es muy positivo ya que se puede sembrar y limpiar manualmente o de ser necesario se puede aplicar algún herbicida tal como el Harness (acetoclor) el cual es muy efectivo para control preemergente de maleza en frijol y no afecta al maguey espadín; el efecto del sellador dura un par de meses y para ese entonces el frijol ya tiene mucha cubierta sobre el suelo que reduce la emergencia de malezas y se ha observado un mejor crecimiento del agave, quizá este mayor crecimiento del agave se deba a que el frijol es un buen fijador de nitrógeno, otra alternativa de cultivar es la soya para consumo humano.

Dependiendo de la región el productor de maguey puede elegir otro cultivo con valor económico y para que además de manejar mejor la maleza también pueda obtener algunos ingresos extra en el corto plazo, también existe la posibilidad de sembrar maíz y aplicar herbicida como el Primagram Gold (atrazine+metolaclor) o Harness (acetoclor), así permitira crecer limpio al maíz y el agave, además las plantas de maíz al crecer darán una cobertura muy importante que ayudará a reducir la emergencia de malezas.

Un tercer ejemplo podría ser que durante los primeros 3 años de cultivo de agave o dependiendo del espaciamiento dejado entre surcos y si el suelo es arenoso sembrar cacahuate que también es muy bueno para crear cobertura y al ser también de la familia Fabaceae fija nitrogeno y una ventaja es que el manejo del cultivo de agave asociado con cacahuate es muy compatible pues se puede limpiar manualmente o bien usar herbicida preemergente por ejemplo, Plateau® (imazapic) el cual es muy bueno tanto para el cacahuate como para el agave y no les causa fitotoxicidad.

Manejo de maleza en maguey espadín

Cultivo asociado: maíz sembrado entre los surcos del maguey espadín para aprovechar mejor el espacio, hacer un mejor manejo de maleza y obtener ingresos extra a corto plazo.

Maguey espadín asociado con maíz. Cuando el agave esta bien espaciado y tenga más o menos un metro de altura se puede sembrar un surco de maíz o frijol en medio de los surcos para aprovechar más el suelo, generar ingresos a corto plazo y un mejor manejo de malezas.

6.3 Uso de coberturas vegetales secas

A pequeña escala se puede usar el bagazo de maguey derivado de la producción de mezcal, se puede distribuir el bagazo entre surcos formando como una capa sobre el suelo para reducir la emergencia de malezas y además servirá de materia orgánica al descomponerse gradualmente.

Adicional al uso de bagazo proveniente del procesamiento de agave según la región en donde se encuentre el productor pueden probar otras opciones de coberturas que sean abundantes y baratas o de ser posible solo de recolectar, por ejemplo, residuos de cultivos como caña, rastrojo de maíz o sorgo, paja de cacahuate, paja de frijol o cualquier otro residuo de cosecha o de transformación que tenga poco o nada de valor comercial y pueda servir para crear una cubierta sobre el suelo para reducir la emergencia de malezas.

Cultivo de maguey espadín con cobertura de bagazo de maguey como cubierta para reducir la emergencia de malezas y a la vez aumentar la materia orgánica en el predio. Por los riesgos de incendios es que en esta propuesta ponemos una capa delgada en el pasillo entre surcos y dejando un espacio pegado a los agaves para que en caso de un incendio no se afecten los agaves. Asi mismo esta práctica en lo posible es mejor realizarla al inicio de la temporada de lluvias lo cual evita los riesgos de incendio en periodo de sequía.

Manejo de maleza en maguey espadín

Cultivo de maguey espadín con cobertura seca usando zacate de la región, la cobertura esta en los pasillos, esto para disminuir la emergencia de malezas y a la vez conforme se va descomponiendo se va mejorando la cantidad de materia orgánica en el terreno, se debe tener cuidado en lo posible de dejar un espacio libre de zacate pegado a los troncos del agave para en caso de algún incendio no se causen daños al cultivo. También al ser cobertura seca se sugiere colocarla durante las lluvias y evitar riesgo de incendio.

Por último, aclarar que cuando se piense en coberturas vegetales secas sea con bagazo de agave, zacates u otro material se debe implementar al momento de inicio de lluvias que es cuando va servir más para reducir emergencia de malezas y los riesgos por incendio no existirían debido a las lluvias y será más pronta la descomposición del material.

6.4 Coberturas plásticas

Con el auge de los agaves se han estado iniciando a imprementar diversas opciones en varias regiones del país, en la parte de control de malezas ya hemos tenido oportunidad de ver pequeñas plantaciones nuevas muy mecanizadas donde al suelo le ponen acolchado de plástico y con ello reducen significativamente la emergencia de malezas, solo queda recomendar mucho hacer un buen análisis de costos y beneficios porque hay que recordar que el cultivo de agave tarda al menos unos 5 años y sería poner varias veces el acolchado (dependiendo del material que se use) pero si es una parcela (mediante agricultura por contrato) y que se tiene seguridad de que tendrá buen precio la cosecha vale la pena analizar esta alternativa.

También el uso de plásticos puede ser viable para plantaciones pequeñas destinadas a vender productos orgánicos y donde el pago tendrá un plus por ser orgánico y con el acolchado se reduciría mucho la emergencia de maleza.

En cuanto a plásticos sugerimos pensar en los plásticos de color negro, los acolchados tienen muchos años de usarse en otros cultivos donde siempre se pone el plástico y en el centro del hule ya sea que venga perforado o se le hagan perforaciones ahí se ponen las plantas, pero para el agave pensamos en una ligera modificación al uso de plásticos, en agave consideramos importante validar la factibilidad de colocar plástico pero en los pasillos o calles entre surcos y dejando espacio sin plastificar unos 25 a 30cm pegado a la planta de agave de ambos lados; este espacio sin plastificar lo pensamos para no afectar o dificultar en lo posible tanto la permeabilidad del agua en lluvias como también la emergencia de los hijuelos al menos en esa área cercana a la planta. Los hijuelos pueden romper los hules para salir, pero no existe necesidad de que tengan que estresarse al emerger debajo del hule y ademas si lo van a romper al emerger parece mas recomendable dejar un espacio cercano a la planta sin plastificar. Por último, comentar que debido a las diferencias en especies de agaves que se cultivan y las diferencias en suelos y clima se sugiere poner una pequeña prueba antes de implementar esta opción a grande escala y analizar todas sus ventajas y desventajas y en especial el costo y si es rentable y pertinente usarlo como estrategia para el manejo de malezas.

6.5 Otras coberturas

Existen otras posibilidades de coberturas, pero se consideran con menos viabilidad y a pequeña escala en especial más que nada para manejo de maleza en espacios pequeños como en semilleros y viveros. Se pueden probar diversos materiales de la región pero que sean fáciles de conseguir y a bajo costo o de ser posible que solo sea el costo de recolección, por ejemplo, entre las camas de siembra de los semilleros es común dejar pasillos de unos 50cm de ancho y de largo de toda la cama y en ese espacio no se recomienda poner cemento para facilitar el filtrado de los excesos de agua de lluvias o riego; ahí una opción es poner una capa de arena, grava o gravilla para reducir significativamente la emergencia de malezas y al mismo tiempo permitir que el agua se pueda drenar.

Otro ejemplo es en los viveros ya sea que se tenga la planta directamente en camas en el suelo o bien en bolsas siempre se deja pasillo para pasar y ejecutar actividades de mantenimiento (ejemplo, los riegos) y en esos pasillos suele emerger mucha maleza; ahí dependiendo del tamaño de vivero se puede pensar en revestir con una capa de arena, grava o gravilla o bien usar otro material como plástico negro muy grueso que no se rompa al pisar.

Manejo de maleza en maguey espadín

En esta imagen se observa una capa de grava en los pasillos de las camas de siembra, esto para disminuir la emergencia de malezas y permitir drenar excesos de agua entre las camas de siembra.

Manejo de maleza en maguey espadín

En esta imagen se plantea una alternativa de como podría ponerse la cubierta plástica, un poco diferente a como se coloca el acolchado en hortalizas, aquí se plantea poner plástico solo en los pasillos para dejar libre espacio pegado a los agaves para que los hijuelos no tengan dificultad para emerger.

CAPÍTULO 7. CONTROL BIOLÓGICO

Este quizá es el método menos estudiado para control de malezas, sin embargo, en malezas acuáticas han existido proyectos en presas que han sido muy exitosos y en algunos países se ha implementado contra algunas malezas terrestres con buenos resultados.

El control biológico es amplio: insectos que sean muy específicos en su alimentación, que se alimenten de malezas muy importantes en este cultivo; en el caso del agave existe de forma natural control biológico de la maleza ayohuixtle (*Solanum rostratum* Dunal) ya que, durante el 2017, 2018, 2019, 2020, 2021, 2022 y 2023 tanto en el estado de Guerrero como en Morelos se han observado unos insectos del orden Coleoptera y familia Crysomellidae defoliando esta maleza dentro de plantaciones de agaves y dicha actividad de este biocontrolador es muy fácil de observar dado que donde esta presente este insecto es común ver plantas de esta maleza defoliadas y con crecimiento raquítico debido al daño por este insecto defoliador. Al 2023 hemos corroborado que este defoliador conocido como la Catarina de la papa (*Leptinotarsa decemlineata* Say), defolian tanto los adultos como las larvas a la maleza ayohuixtle, es muy marcada su actividad defoliadora en los meses de junio a julio y posteriormente en octubre a diciembre que es aumenta más la densidad poblacional de este defoliador.

Asi mismo desde el año 2008 al 2023 hemos observado una larva de un defoliador que se ha presentado todos estos años defoliando únicamente la maleza manrrubio, este insecto pertenece al orden Lepidoptera.

Larva y adultos del defoliador de la maleza ayohuixtle.

Insecto defoliador (larva de lepidoptero) en maleza manrrubio dentro de plantaciones de maguey espadín.

Manejo de maleza en maguey espadín

Planta de acahual con agallas inducidas por un insecto que en estado larvario vive en el interior del tallo y reduce el crecimiento de esta maleza.

Solo como conocimiento general mencionar que en agave hemos encontrado malezas de varios géneros todas ellas de la familia Asteraceae que al observarlas notamos crecimiento atípico (raquitito) y al acercarnos a ellas notamos unos hinchamientos en el tallo; esto son agallas causadas por insectos agalladores de malezas y al cortar y hacer cortes longitudinales de los tallos a la mitad de las agallas es muy común encontrar larvas de un color amarillo. Si dejamos esas plantas y las seguimos visitando hay un momento en el que vamos a ver mas estresada la maleza y si somos mas observadores podremos observar un orificio muy pequeño y circular en la agalla que es evidencia de que el adulto de ese insecto agallador ya salió de la maleza. Una sugerencia sería que cuando noten plantas con agalladores las dejen para que sus poblaciones del agallador se sigan incrementando pues estos insectos no causan problemas al cultivo del agave y si a varias malezas.

Al entrar al internet y diversas redes sociales es común encontrar algunas marcas de algunos bioherbicidas muy recientes de los cuales a la fecha de publicar este libro no los hemos probado. Sin embargo, se recomienda que al igual que cuando usamos otro producto que no conocemos lo primero es encargarle al asesor agrícola o jefe de campo o al líder que administra el campo que haga un estudio en una superficie pequeña para conocer los resultados de control que ofrecen ciertos herbicidas en las malezas de la región y asi mismo descartar cualquier riesgo de fitoxicidad a la especie de agave en el cual se pretende utilizar.

Así mismo al entrar al internet podrán encontrar un sinfín de recetas para elaborar bioherbicidas caseros a partir de productos muy fáciles de conseguir tales como vinagre y sal, pero se debe tener mucho cuidado en caso de intentar usar estos ingredientes porque igual podrían afectar al agave si no se usan de forma adecuada y moderada, además de que no parece un método muy viable por las grandes cantidades de estos insumos que se requieren y en grandes extensiones de agaves podría ser algo impráctico esto.

Quizá la parte del control biológico más prometedora es mediante pastoreo de animales; entre los animales que hemos visto que dan buenos resultados y pocos o nulos problemas en plantaciones de agave están los borregos, burros y caballos. Con el ganado bovino se sugiere tener mucho cuidado porque llegan a comer hojas de agave. El pastoreo de los bovinos sería viable quizá solo en parcelas próximas a cosecha (en caso de agaves orgánicos primero consultarlo con su empresa certificadora). En cualquier otra etapa en agaves a partir de un año del trasplante solo es viable pastoreo de borregos, burros y caballos y valorar la opción de los chivos. Otro pequeño detalle con el pastoreo principalmente de animales grandes como la vacas, caballos y burros es que si la plantación esta emitiendo hijuelos estos animales pueden llegar a pisar y maltratar o incluso destruir los hijuelos pequeñitos con sus pisadas.

Manejo de maleza en maguey espadín

El pastoreo es muy bueno porque los animales podan gradualmente la maleza y evitan aspersiones excesivas de herbicidas, además aportan excremento al terreno, un problema o más bien un costo extra es que generalmente en las plantaciones de agave no hay fuentes de agua y debido a eso a los animales les debemos proporcionar agua para tomar y a veces eso genera importantes costos si el terreno no cuenta con fuentes de agua cercanas, pero esto es problema menor en tiempo de lluvias que es cuando se requiere más el pastoreo. Por esto se debe analizar la relación beneficio/costo del pastoreo.

Quizá la mayor limitante del pastoreo es que normalmente se requiere diario una persona a cargo del cuidado de los animales o tener la plantacion con cerco perimetral y eso si puede elevar los costos.

Manejo de maleza en maguey espadín

Manejo de maleza en maguey espadín mediante pastoreo de chivos. Solo se debe tener en cuenta que los animales se deben pastorear y en caso de tenerlos encerrados garantizar que tengan agua para tomar y haya maleza suficiente para evitar les de curiosidad y puedan comenzar a morder los agaves.

Manejo de maleza en maguey espadín

Manejo de maleza en maguey espadín mediante pastoreo de borregos: Los borregos son más tranquilos que los chivos y si se tiene buen cerco perimetral es común dejarlos encerrados en el predio; solo es garantizar tengan maleza y agua para tomar para que no vayan a comenzar a tener curiosidad con los hijuelos y los vayan a comenzar a morder.

Manejo de maleza en maguey espadín mediante pastoreo de caballos, muy recomendables en plantaciones con cerco perimetral; igual que los demás animales se debe hacer cuando se tenga suficiente maleza y garantizar una fuente de agua para los animales y así evitar les den curiosidad las plantas de agave:

CAPÍTULO 8. MANEJO INTEGRADO

Con todas las estrategias mencionadas a lo largo de esta guía el productor y de preferencia con el apoyo de su asesor agrícola o jefe de campo deben elegir todos los métodos posibles que sean compatibles y factibles acorde a las condiciones de la plantación y siempre teniendo como prioridades el cuidado al ambiente, la salud y economía, en lo posibe usar lo menos posible herbicidas y usarlos cuando realmente sean la única o mejor opción, no descuidar los costos de los métodos de control para que no se afecte la rentabilidad del cultivo y siempre en cualquier método seguir las recomendaciones y precauciones de su uso para proteger la seguridad y salud del personal.

Otra sugerencia es ir cambiando cada año las formas de controlar la maleza. A continuación, se cita un posible ejemplo que se podría adaptar a algunas plantaciones de maguey espadín: en semillero entre pasillos poner grava y dentro de las camas de siembra controlar la maleza solo manualmente arrancándola. En vivero ya sea en bolsa o suelo de preferencia controlar maleza manualmente y con ayuda de algún azadón u otra herramienta y en los bordes usar una desmalezadora, también en viveros es muy viable el uso de acolchados plásticos para reducir la emergencia de malezas.

Manejo de maleza en maguey espadín

En campo, el año cero se sugiere preparar bien el suelo de forma mecánica si es posible, para controlar la maleza ya presente y plantar en el terreno limpio, posteriormente sembrar frijol o soya en medio de los surcos y aplicar un herbicida preemergente compatible con frijol y agave y posterior a la cosecha del frijol aplicar un herbicida postemergente para las malezas que se escapen; año 1 y 2 se puede sembrar maíz de porte bajo y aplicar un herbicida preemergente compatible con maíz y agave espadín, luego un postemergente selectivo que no afecte al maíz ni al agave tal como el glufosinato de amonio (Finale® Ultra) y posterior a la cosecha del maíz hacer un chaponeo con machete y solo si es necesario aplicar otro herbicida postemergente; años 2 al 5, si el terreno es tractorable se puede controlar mecánicamente con diversos implementos del tractor y una o dos aplicaciones de herbicidas postemergentes por año, o en lugar del herbicida si es viable puede ser pastoreo de animales como borregos, burros o caballos y un poco antes de que terminen los ciclos de lluvias cortar la maleza que se le escape a los animales, ya sea cortar con desvaradora, desmalezadora o con machete; y los años 5, 6 y 7 (años a punto de inciar cosecha, según manejo) se pueden meter vacas para controlar la maleza (cultivos orgánicos primero consultar con su certificador), cuando faltan pocos días o semanas para la cosecha aunque las vacas muerdan pencas del maguey ya no afecta debido a que ya se va a cosechar e incluso facilitarían la jima.

En campo también puede ser importante analizar la rentabilidad de usar coberturas vegetales vivas o secas o incluso acolchados plásticos para reducir la emergencia de malezas, aunque consideramos que los acolchados plásticos tienen más futuro los primeros 2 o 3 años y siempre y cuando esto no se combine con el pastoreo de ganado debido a que con sus pesuñas pueden afectar el acolchado plástico.

Siempre no olvidar ir registrando las actividades de como se controla la maleza y la fecha en el expediente fitosanitario o cuaderno donde se tengan notas importantes de las pacerlas, esto para irse guiando los demás años e ir variando los métodos de forma armónica.

Por último, otro detalle muy importante es que si usted cultiva agaves con certificación orgánica antes de comenzar a hacer combinaciones de las opciones que aquí desglosamos en la presente guía debe reunirse con la empresa que le certifica como orgánico y consultarle de todas las opciones aquí mencionadas y otras que quizá usted conozca para que le digan exactamente cuales estrategias si son aceptadas y evitar problemas para certificar y comercializar su agave como orgánico. Finalmente haga su lista de estrategias permitidas en agricultura orgánica y ahora si ya puede ver opciones de como estucturarlas en conjunto de forma compatible y rentable.

Aquí se muestra la necesidad e importancia de controlar malezas incluso cuando ya se esta próximo a cosechar porque cuando no se controlan principalmente las malezas de porte alto, espinosas y trepadoras complican y pueden hacer más lenta la cosecha.

Manejo de maleza en maguey espadín

Aún después de la cosecha es importante controlar las malezas que hayan quedado, pues si se pretende volver a establecer agave, ya que si se les deja crecer después saldrá más caro debido a que normalmente las que se llegan a escapar son malezas espinosas como el huizache, cubata o tehuixtle y al no estar ya el agave aprovecharán todos los recursos y crecerán mucho más rápido y entre más grandes serán más complejas y costosas de controlar.

Manejo de maleza en maguey espadín

Plantación de maguey espadín donde gracias a un aceptable control de maleza se puede notar que dicha parcela a pesar de que fue afectada por un incendio se nota que solo se dañaron hojas basales por lo tanto estas plantas podrán continuar su crecimiento y desarrollo sin tanto retraso, pero si hubiera estado con maleza muy grande las plantas de agave se podrían haber secado por el daño del incendio.

ACERCA DEL AUTOR

El Dr. Pedro Figueroa Castro es egresado como Ingeniero Agrónomo Fitotecnista del Colegio Superior Agropecuario del Estado de Guerrero (CSAEGRO), Maestro en Ciencias en Protección Vegetal por el Departamento de Parasitología Agrícola de la Universidad Autónoma Chapingo. Y Doctor en Ciencias en Fitosanidad-Entomología por el Colegio de Postgraduados. El autor realizó una Estancia Postdoctoral en la Facultad de Ciencias Agropecuarias de la Universidad Autónoma del Estado de Morelos. Así mismo una Estancia Postdoctoral en Centro de Desarrollo de Productos Bióticos del Instituto Politécnico Nacional. Las tesis de Licenciatura, Maestría y Doctorado las realizó en temas de fitosanidad en agaves y en las dos Estancias Posdoctorales realizó investigaciones en insectos asociados con agaves y manejo de picudo del agave con semioquímicos. A la fecha ha publicado y colaborado en artículos científicos; codirigido y asesorado tesis de Licenciatura y Posgrado. Todas las tesis asesoradas han sido de temas de Fitosanidad en agaves. Actualmente se desempeña en la empresa Investigación y Soluciones Agrícolas Agriminilla S. A. S. de C. V. donde se realiza cultivo de varias especies de agaves, Investigación e Innovación para el manejo de plagas de agaves. Así como la comercialización de productos para el manejo etológico de algunas plagas agrícolas. Y su actividad más reciente es como creador de contenido (temas de fitosanidad, especialmente del cultivo de agave) en diversas plataformas digitales.

www.ingramcontent.com/pod-product-compliance
Lightning Source LLC
Chambersburg PA
CBHW051918210526
45473CB00006B/2060